Danke an die Wissenschaftlerinnen und Wissenschaftler, die ihre Würde riskierten, um uns diese umwerfenden Geschichten zu liefern, und die an diesem Buch mitgewirkt haben.

Danke an Jess, Ninon, Marta, Anne-Mirjam, Delphine, Geoffroy, Claire, Ju, Sophian, Ben, Sylvain, Véro, meine Familie und an alle, denen ich wegen dieses Buchs auf die Nerven ging!

Ludwig

maki sapa

FORSCHERPECH

Illustriert von Jim Jourdane
Übersetzung: Anne-Mirjam Kirsch

WAS IST FORSCHERPECH?

Abb. 1. Affe: Tier aus der Ordnung der Primaten

Abb. 2. Biologin: Wissenschaftlerin, die Lebewesen erforscht

Abb. 3. Feldforschung: Wissenschaft in freier Wildbahn

Abb. 4. Forscherpech (in freier Wildbahn): Wenn es nicht nach Plan läuft

Mesangat-See, Indonesien

Agata Staniewicz
Klebte mich beim Anbringen eines Senders aus Versehen an ein Krokodil.

Wir versuchten, die Reviergröße von Krokodilen im indischen Teil Borneos zu ermitteln.

Der Sender sagt uns, wie groß der Lebensraum ist, den die Krokodile brauchen, und wie sie vielleicht auf andere Arten in der Gegend reagieren (einschließlich andere Krokodilarten).

Nachdem ich mich ans Krokodil geklebt hatte, brauchte ich zehn Minuten, um meinen Finger loszubekommen, ohne gleichzeitig den Sender mit abzulösen. Die Fischer sahen zu und lachten!

Das Krokodil verlor den Sender keine 24 Stunden später.

WIE MAN EINEN SENDER AN EIN KROKODIL KLEBT

1) Fang das Krokodil und halte sein Maul geschlossen (in der Regel mit einem Klebe- oder Gummiband).
2) Bedecke seine Augen, um Stress zu senken.
3) Jemand muss das Krokodil festhalten (oder sich draufsetzen, wenn es groß ist), damit es sich nicht hin- und herwerfen oder herumwälzen kann.
4) Nimm alle Maße, markiere das Krokodil und bring den Sender an. Mach das alles so rasch wie möglich, weil das Krokodil weder betäubt ist noch schläft!

San Antonio,
Texas, USA

Alayne Fronimos

Investierte in eine Tarnblende, um Vögel beim Fressen zu beobachten. Stellte fest, dass Vorstadtvögel viel weniger Angst vor meinem roten Auto haben.

 Wir beobachteten Vögel in Gärten, Parks, Restaurants und Kirchen. Wir konzentrierten uns auf Weißflügeltauben, die in Texas gejagt werden und daher für den Staat interessant sind. Außerdem breiten sie sich von Mexiko nach Norden aus und wir untersuchen, ob das lokale Vogelarten beeinflusst.

Ich probierte die Blende bei Probebeobachtungen aus. Sie funktionierte einfach nicht: Die Vögel hatten zu viel Angst vor ihr. Manchmal blieb ich im Auto sitzen, manchmal setzte ich mich einfach in einigem Abstand hin. Die Vögel ignorierten mich, weil sie Menschen gewohnt waren.

 **WIE ICH VÖGEL BEOBACHTE**

1. Ich fülle Vogelfutter in Schalen,

2. dann warte ich, bis sich die Vögel an mich gewöhnen.

3. Ich filme eine halbe Stunde mit einem HD-Camcorder ...

4. ... und notiere alles, was passiert, die Temperatur und das Wetter.

5. Ich nutze die Videos zu Hause für weitere Beobachtungen:
- Welche Art bleibt länger an der Futterstation?
- Bei Konkurrenz zwischen zwei Arten: Welche gewinnt?

Tauben sind ein Symbol für Frieden. Weißflügeltauben waren aber eine der dominantesten und aggressivsten Arten an unseren Futterstationen!

Lilia Illes

Folgte einem Brüllaffen zu einem Baum. Entdeckte Hubschrauberlandeplatz und einen Stapel Kalaschnikows. War auf ein Camp von Drogenschmugglern gestoßen.

Ich erforschte, wie der Lebensraum von Brüllaffen durch menschliche Aktivitäten wie Landwirtschaft, Besiedlung und Tourismus zersplittert. Einmal sah ich ein prächtiges Männchen und folgte ihm lange.

Sein letzter Halt war ein herrlicher Ficusbaum. Ich blickte konzentriert zum Affen hoch. Als ich hinunterschaute, sah ich ein halbes Dutzend Automatikgewehre, einen perfekten kleinen Hubschrauberlandeplatz und einen Bootsanleger. Alles war so gut versteckt, dass es auf Satellitenbildern nicht zu erkennen war.

Ich schaute mich um, sah Männer und begriff, was ich entdeckt hatte. Ich tat ahnungslos und gab meine allerbeste Vorstellung als dämlicher Tourist, lächelte und zeigte auf den Affen. Dann entschuldigte ich mich für die Störung und machte, dass ich davonkam.

Durch die Zersplitterung ihres Lebensraums kommen Brüllaffen mehr mit Menschen in Kontakt. Sie fressen Feldfrüchte und dringen in Touristengebiete ein. Farmer und Hotelbetreiber halten sie für eine Plage und schießen leider auf sie.

Das markanteste Merkmal eines Brüllaffen ist sein Geschrei. Es kann in bis zu 5 km Entfernung zu hören sein.

Der Affe verdankt es seinem großen, hohlen Zungenbein und seinem vergrößerten Kehlkopf, die einen Resonanzraum bilden.

Red Rock Canyon,
Kalifornien, USA

Trevor Valle

Winziges Objekt angeleckt, um festzustellen ob Fossil oder Stein. Fossil. An Zunge geklebt. Hustenanfall vom Staub. Scharf eingeatmet. Fossil verschluckt.

> Ich war im Red Rock Canyon in Kalifornien, nördlich von Mojave. Ich bin vor allem Eiszeit-Paläontologe.

Paläontologen lecken häufig etwas an, um herauszufinden, ob es ein Fossil ist oder ein Stein. Fossilien neigen dazu, an der Zunge haftenzubleiben.

Wenn ich draußen bin, führe ich normalerweise geologische Untersuchungen durch, suche nach neuen Fundstellen für Fossilien oder grabe in einem Steinbruch.

Manchmal arbeite ich auf Baustellen. Das ist gefährlicher: Ich muss in Gräben und Gruben springen und wieder heraus und dabei riesigen Maschinen ausweichen.

Meine Ausrüstung:
Gute Wanderschuhe, ein Militärrucksack mit Trinkwasserblase, Geologenhämmer, Zahnstocher, Pinsel, Protokollbücher, Kompass, GPS-System und eine erstklassige Schutzausrüstung.

FOSSILIEN LECKEN

von Trevor Valle

Wenn ich als Paläontologe auf Baustellen arbeite, suche ich nach Fossilien und verhindere ihre Zerstörung.

1) Zugang zum Fossil
Du musst nicht nur riesigen Maschinen ausweichen, sondern bist auch dafür zuständig, die Baustelle stillzulegen, um gefundene Fossilien zu bergen.

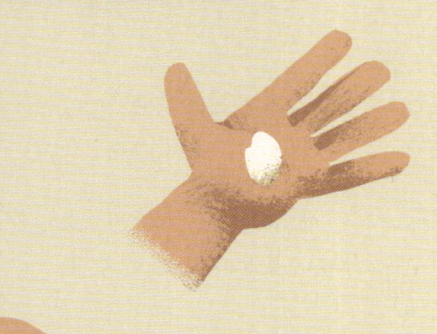

2) Ein mögliches Fossil finden
Farben, Formen, sichtbare Beschaffenheit ... Falls es ein Fossil sein könnte, nimmst du es in die Hand und untersuchst es. Achte darauf, vorher allen Staub wegzupusten!

3) Mach den Lecktest
Befeuchte deine Zunge. Tupf das Fossil daran. Klebt es an der Zunge?

JA → Fossil!   NEIN → Stein!

Die poröse, „schwammige" Beschaffenheit eines Dinosaurierknochens bleibt intakt, wenn er zum Fossil wird. Sie sorgt dafür, dass die Feuchtigkeit auf deiner Zunge aufgesogen wird.

ALTE KNOCHEN

Viele Menschen irren sich, was das Alter von Dingen angeht. Zum Beispiel sind Tyrannosaurus Rex und Triceratops vom Erdzeitalter her Menschen und Mammuten näher als Stegosauriern!

VOR 150 MILLIONEN JAHREN · VOR 66 MILLIONEN JAHREN · JETZT

Außerdem glauben viele, dass jedes uralte Skelett in einem Museum ein Dinosaurier ist. Dinosaurier lebten im Mesozoikum und waren Landtiere. Also sind Pterosaurier, Dimetrodon und Mosasaurier keine Dinosaurier!

KEINE DINOS

DINOS

Für mich sind Fossilien mehr als Beweise uralten Lebens. Sie sind Überbleibsel einer längst vergangenen Zeit, von der Menschen nichts wissen. Ich sage gern, dass Fossilien die Schlüssel zu den Türen der Zukunft sind.

Hawaii-Volcanoes-
Nationalpark, USA

Jessica Ball

Als ich das erste Mal auf einem aktiven Lavastrom wanderte, schmolzen die Sohlen meiner Schuhe. Dann ging ich durch Wasser und sie liefen ein.

Ich war im Hawaii-Volcanoes-Nationalpark und schaute mir im Rahmen einer Exkursion aktive Lavaströme an.

Die Hitze der Lava ist unglaublich. An der Luft kühlt Lava aber sofort ab und bildet eine Kruste, auf der sich relativ gut gehen lässt, sobald sie kühl genug ist ...

... solange man nicht zu lange an einer Stelle stehenbleibt!

Auf allen sieben Kontinenten gibt es Vulkane, und viele weitere auf dem Meeresboden.

Vulkane kommen überall im Sonnensystem vor. Auf Enceladus gibt es Kryovulkane, die Eis spucken!

Das Wort „Vulkan" kommt von Vulcanus, dem römischen Gott des Feuers, der Vulkane und der Metallbearbeitung.

Der Vulkan Mount Erebus in der Antarktis spuckt Lava voller Feldspatkristalle, die so groß sind wie deine Handfläche.

Perthshire, Schottland

Andy Baader

War begeistert, als ich Knochen in einem Graben fand. Hatte ich den Müllhaufen einer frühmittelalterlichen Siedlung entdeckt? Dann tauchte eine Verpackung der Fastfoodkette KFC auf.

 Die Grabung war in Perthshire in Schottland. Wir Archäologen suchten nach Siedlungen aus dem frühen Mittelalter, als Alba (Schottland) zum ersten Mal eine politische Einheit wurde.

In Müllhaufen vergangener Zeiten finden sich Essensreste, Werkzeuge und Kaputtes. Diese Dinge können uns eine Menge darüber sagen, was die Leute an diesem Ort aßen und was sie herstellten. Deswegen war ich so begeistert, als ich Knochen fand!

Das Schwierigste an archäologischen Grabungen ist gleichzeitig mit das Beste. Man ist draußen an der frischen Luft in einigen der schönsten Gegenden der Welt. Das kann aber in glühender Hitze sein, die einen verbrennt und die Erde zu Staub macht, oder in Starkregen, der die Grabung flutet.

Oft erzählen die Dinge, die Archäologen finden, eine wahrere Geschichte über die Vergangenheit als historische Aufzeichnungen. Schließlich schreiben Leute lieber nur das auf, was bei ihnen gut ist und bei ihren Feinden schlecht.

Toronto, Kanada

Cylita Guy
Wenn du feststellst, dass die Fledermaus, der du per Funkortung gefolgt bist, in Wirklichkeit das Piepsignal einer Fußgängerampel ist ...

 Ich kartierte die Wege von Fledermäusen in Wohngebieten rund um den High Park in Toronto. Wir versuchen zu verstehen, wie Fledermäuse städtische Räume nutzen: wo sie nachts fressen und wo sie tagsüber schlafen.

Wenn wir verstehen, wie Wildtiere die Räume in Städten nutzen, können wir in Zukunft vielleicht besser Netzwerke aus Grünzonen planen.

 Wir folgen Fledermäusen mit Hilfe einer Antenne, die mit einem Funkempfänger verbunden ist. Die Antenne fängt Signale von Funketiketten auf, die die Fledermäuse tragen. Wir folgen diesen Signalen, um unsere Fledermaus zu finden.

Die Antenne fängt aber auch eine Menge Störsignale ein – zum Beispiel die von Kreuzungen oder Telefonen. Manchmal hören wir buchstäblich Stimmen!

Wenn Leute uns mit unseren großen Antennen sehen, machen sie meist Witze, zum Beispiel, dass es in der Bücherei freies WLAN gibt. Diese Witze führen zu super Gesprächen über unsere Forschungen. Viele wissen gar nicht, dass es Fledermäuse in der Stadt gibt – vielleicht sogar in ihrem eigenen Garten.

von Cylita Guy

MEINE FLEDRIGEN FREUNDE

Fledermäuse und Flughunde bilden die Ordnung der „Fledertiere". Zu ihr gehören etwa 1.300 Arten: ein Viertel aller Säugetierarten!

Fledertiere gibt es überall, außer in der Arktis und Antarktis.
Ein paar Beispielarten sind:

Weiße Fledermaus
„Flaumball"

Indischer Kurznasenflughund
„Ich bin kein Hund!"

Kinnblattfledermaus
„Grimassengesicht"

Langohrfledermaus
„Damit ich dich besser hören kann!"

Die größte Art (Goldkronen-Flughund) hat eine Flügelspannweite von zwei Metern ...

... die kleinste (Schweinsnasenfledermaus) wiegt nur so viel wie zwei Cent!

Nur drei Arten ernähren sich von Blut ...
die Vampirfledermäuse.

Fledertiere sind die einzigen Säugetiere, die fliegen können. Die meisten Arten (aber nicht alle!) nutzen zur Orientierung Echoortung.

Fledertiere sind Allesfresser. Die meisten fressen Insekten, aber manche auch Früchte, Nektar, kleine Säugetiere, Vögel und sogar Fische!

Manche können in einer Nacht ihr ganzes Körpergewicht oder noch mehr fressen!

Weil sie einen so großen Appetit haben, helfen sie, Insektenbestände unter Kontrolle zu halten.

Sie leisten noch mehr Großartiges für unsere Umwelt: Sie sind wichtige Bestäuber und Samenverteiler.

Tsavo-East-Nationalpark, Kenia

Tara Easter
Zog meine Schutzkleidung an, um mich einem wütenden Bienenvolk zu nähern. Schloss dabei beißende Treiberameisen in meinen Anzug ein ...

In Afrika fressen Elefanten oft ganze Ernten auf und trampeln sie nieder. Deswegen haben die Leute Angst vor ihnen und wollen sie nicht schützen.

Die Biologin Dr. Lucy King fand heraus, dass Elefanten Angst vor Bienen haben. Sobald sie Bienen hören, warnen sie ihre Herde vor Gefahr und ziehen weiter.

Also baute sie dort, wo Elefanten wandern, „Bienenzäune" um Farmen. Ein Bienenzaun besteht aus einer Reihe von Bienenstöcken, die durch einen Draht miteinander verbunden sind. Wenn ein Elefant in den Draht läuft, schaukeln die Stöcke. Die Bienen werden unruhig und verscheuchen den Elefanten.

Ich musste einen Bienenstock reparieren, der in der Nacht durch einen Sturm beschädigt worden war. Irgendwie gelangten Treiberameisen in meinen Anzug und fingen an zu beißen. Aua!

Okavangodelta, Botswana

Simon Dures

Spielte die Rufe verwundeter Büffel ab, um Löwen anzulocken. Spielte aus Versehen AC/DCs „Back in Black". Ohrenbetäubendes Gitarrenriff = keine Löwen.

Ich war im Okavangodelta in Botswana. Ich führe genetische Untersuchungen durch, um herauszufinden, wie gefährdet die Löwen in dieser Gegend sind.

Ich lebe in einem Landrover. Mit einem CO_2-betriebenen Pfeilgewehr schieße ich einen Pfeil ab, der eine kleine Hautprobe des Löwen nimmt und gleich danach abfällt. Aus dieser Hautprobe gewinne ich die DNA des Löwen.

Ich verwende keine Betäubungsmittel, deswegen muss ich sehr vorsichtig sein, wenn ich den Wagen verlasse, um die Pfeile einzusammeln. Es könnten noch Löwen in der Nähe sein!

Ich liebe es, Antworten auf schwierige Fragen zu finden. Dies, so viel Zeit draußen und die vielen Geschichten fürs Lagerfeuer machen meine Arbeit sehr befriedigend. Außer, wenn ich zurück in Großbritannien bin und zu viel Zeit in einem Labor vor einem Computer verbringen muss!

Wenn ich nach Löwen suche, stelle ich einen Lautsprecher in einem Baum und spiele Laute ab, die die Tiere aus bis zu 4 km Entfernung anlocken.

LIEBLINGSMUSIK FÜR LÖWEN
1) Büffelkalb in Not
2) Brüllende Weibchen
3) Brüllende Männchen
4) Hyänen an einer Jagdbeute
5) Nicht AC/DC!

Gainesville, Florida, USA

Ambika Kamath
Eine Eidechse, die sich wochenlang nicht hatte fangen lassen, sprang mir auf den Kopf und lief meinen gesamten Körper hinunter. Ich schaffte es wieder nicht, sie zu fangen.

> Ich war in einem Park in Gainesville in Florida, einem Hundepark. Passanten starrten uns an, während wir Eidechsen fingen und beobachteten.

Um die Eidechsen zu fangen, benutzen wir einziehbare Angelruten: Eine Angelschnur an ihrem Ende zieht eine kleine Schlinge um den Hals der Eidechse fest.

Die kleinen Kerle sind schnell. Sie laufen aber ein Stück und bleiben dann stehen und geben dir so eine weitere Chance, sie zu fangen.

Anolis-Echsen haben helle Hautlappen unter ihren Hälsen, die sogenannten „Kehllappen" oder „Kehlfahnen". Mit ihnen kommunizieren sie untereinander.

Sie klappen sie rasch auf, ziehen sie wieder ein und kombinieren das mit Kopfnicken und Liegestützen.

Sie haben außerdem große Zehenpolster mit winzigen Ausstülpungen, die auf allen möglichen Untergründen haften. Genau wie Geckos können sie gut klettern!

Provinz Guanacaste, Costa Rica

Christopher Schmitt
Bekam das Denguefieber. Folgte trotzdem weiter Affen. Fieberwahn. Schrieb Elbisch über und über auf meine Tropenhose.

Ich war wissenschaftlicher Mitarbeiter in Lomas Barbudal, einem Waldschutzgebiet in Costa Rica. Wir erforschten die Entwicklung von Verhaltenstraditionen bei Weißgesicht-Kapuzineraffen.

Ich bin ein großer Nerd. Ich las gerade wieder *Herr der Ringe* und brachte mir bei, phonetisch in Quenya (Elbisch) zu schreiben, als ich krank wurde.

(„Affen sind super", geschrieben in Quenya)

Als das Denguefieber anfing, dachte ich, dass ich einfach Fieber hätte und es o.k. sei, weiterzuarbeiten. Die Symptome wurden aber sehr schnell schlimmer.
Als meine Augen anfingen wehzutun, wusste ich, dass es etwas Ernstes war.
Der Fieberwahn kam allmählich und ich merkte, was passierte.

Zum Glück gab es in der Stadt (30 Minuten vom Wald entfernt) hervorragende ärztliche Hilfe. Ich bekam die Anweisung, viel zu trinken und die Symptome im Auge zu behalten.

Es macht viel Spaß, Affen zu beobachten. Das erleichtert die Feldforschung.

Weißgesicht-Kapuzineraffen haben kulturelle Traditionen, genau wie Menschen und Schimpansen. Meine Lieblingstradition heißt „Handschnüffeln": Zwei Affen stecken sich gegenseitig ihre Finger in die Nase, in den Mund und sogar in die Augenhöhlen!

7 LEKTIONEN AUS 60 MONATEN FELDFORSCHUNG

von Christopher Schmitt

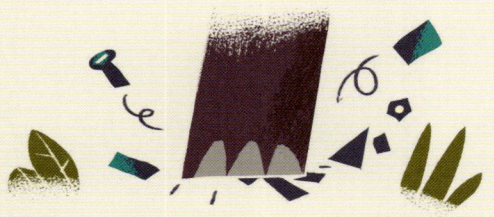

„Robuste Ausrüstung" ist nicht robust genug für Elefanten.

Brücken machen nicht immer das, was sie sollen. Vor allem nicht in der Regenzeit.

Falls du ein Selfie mit einem Tapir machen möchtest, pass auf deine Brille auf.

Wenn du die Hodengröße einer Grünen Meerkatze misst, pass auf, dass kein Warzenschwein deinen Fuß frisst.

Bevor du sechs Stunden lang in einem heißen und feuchten Klima nach Affen suchst, schau erstmal nach, ob sie nicht in deinem Camp sind.

Halte deinen Mund geschlossen, falls du biologische Proben von Wollaffen nehmen möchtest.

Viele Dinge können dazu führen, dass du einen Hügel hinunterrollst, dir die Hose vom Leib reißt und dich selbst schlägst. Die meisten davon sind Ameisen.

AFFEN ALS HAUSTIERE

Hättest du gern einen Affen als Haustier? Dann kennst du Affen vielleicht nicht gut genug.

Affen sind keine guten Haustiere, und der Tierhandel ist ein Grund, warum manche Primatenarten gefährdet sind.

Viele Leute kümmern sich nicht darum, woher die Affen kommen. Oft wird die Mutter getötet, um an die Babys zu kommen. Die werden dann aus ihrer Umwelt gerissen und als Haustiere verkauft.

Wie Menschen haben viele Affenarten vielschichtige Beziehungen und Kulturen.

Sie als Haustiere zu behandeln, schadet ihnen. Genau wie Menschenkinder haben sie soziale Bedürfnisse und brauchen für ihre Entwicklung Artgenossen.

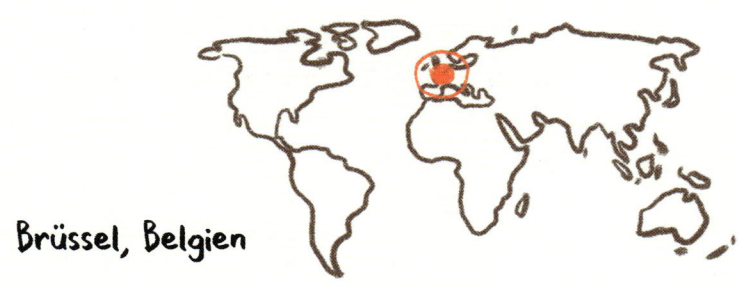

Brüssel, Belgien

Diederik Strubbe

Starrte durch mein Fernglas, um invasive Sittiche an ihrem Schlafplatz, dem Nato-Hauptquartier zu beobachten. Wurde von einem Sicherheitsteam festgenommen.

Ich war in Brüssel, Sittiche in Stadtparks und Waldstücken zählen. Vor Anbruch der Dunkelheit ging ich zu einem ihrer Schlafplätze: einem Baum auf dem Gelände des Nato-Hauptquartiers.

Ich kletterte auf eine Straßensperre aus Beton nicht weit weg vom Zaun der Nato-Basis, um das Gelände von einer erhöhten Position aus abzusuchen.

Plötzlich war ich von Wachen eines privaten Sicherheitsdienstes umstellt. Ich musste herunterklettern und ihnen erklären, was ich da tat. Ich hatte den Eindruck, dass sie dachten, ich mache Witze und veräppele sie. Sie riefen eine Gruppe Soldaten hinzu.

Die untersuchten meinen Rucksack, nahmen kurz mein Fernglas und öffneten mein Notizbuch – das sie nicht verstanden.

Ein höherrangiger Offizier sagte mir, dass die Sittiche schon vor dem Winter nach Süden geflogen seien. Sehr witzig, weil Sittiche keine Zugvögel sind und ich gleichzeitig tausende von ihnen schreien hören konnte :).

Papageien gibt es in Brüssel seit 1974, als ein Zoodirektor um die 40 Vögel freiließ. Seitdem haben sie sich in der Stadt vermehrt. Zählungen an Schlafplätzen sind ideal, um das Wachstum von Sittichpopulationen zu verfolgen.

Unsere Studie kam zu dem Schluss, dass eine Verbreitung der Sittiche über die Stadtgrenzen hinaus aufs Land unwahrscheinlich ist. Sie sind sehr auffällige Vögel – grün, laut, zu Menschen hingezogen –, haben bislang aber keine großen ökologischen Auswirkungen.

Krüger-Nationalpark, Südafrika

Gayle Pedersen

Diskutierten auf Buschwanderung mit Nashornexperten. Sahen plötzlich Nashornbullen, der uns verfolgte! Versteckten uns hinter einem Baum ... den er dann bespritzte.

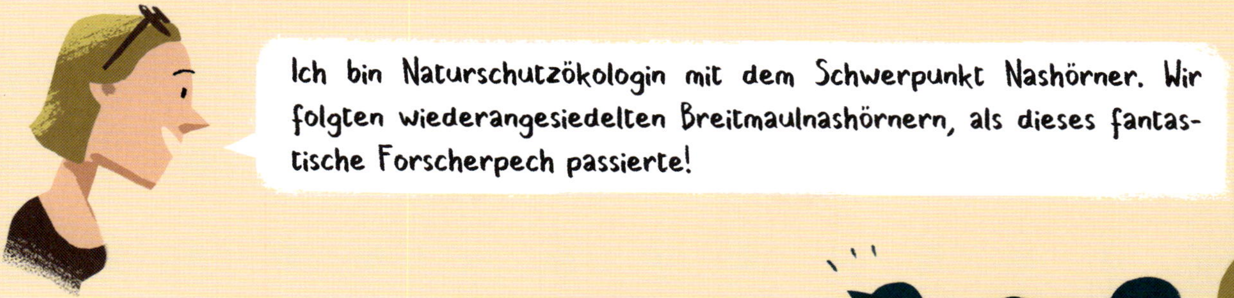

"Ich bin Naturschutzökologin mit dem Schwerpunkt Nashörner. Wir folgten wiederangesiedelten Breitmaulnashörnern, als dieses fantastische Forscherpech passierte!"

Wir wussten ungefähr, wo ein dominanter Bulle war, und waren in der glühenden Sonne stundenlang seinen Spuren gefolgt. Plötzlich sahen wir ihn kommen. Wir sprangen alle hinter einen Mopanebaum in der Nähe des Pfads ... und er ging direkt darauf zu! Er bespritzte ihn mit Urin, um sein Revier zu markieren, und ging davon.

Früher durchstreiften Nashörner riesige Gebiete in Afrika und Asien ...

... heute gibt es aufgrund von Jagd und Wilderei nur noch ein paar kleine, verstreute Bestände.

Nashörner sehen sehr schlecht, riechen und hören aber ziemlich gut.

Sie sind oft ein wandelndes Büffet für Madenhacker. Diese Vögel fressen Zecken und andere Insekten vom Körper der Nashörner.

Manú-Nationalpark, Peru

Roxana Arauco
Vertäuten Boot am Flussufer. Schwere Regenfälle, Fluss überflutet, Boot sank. Neun Monate, zwei Pumpen und ein Heer von Studenten waren nötig, um *La Linda* wieder freizubekommen.

Ich bin wissenschaftliche Koordinatorin und Verwaltungsleiterin der biologischen Station Cocha Cashu in Südost-Peru. Sie liegt in einer riesigen, vom Menschen fast unbeeinflussten Region. Das ermöglicht Einblicke in die Artenvielfalt und Vorgänge in einem gesunden, intakten Regenwald.

Wissenschaftler kommen aus der ganzen Welt für Feldforschungen hierher. Sie studieren z.B. Primaten, Vögel oder den Waldaufbau. Für peruanische Studenten führen wir jedes Jahr einen Feldforschungskurs „Tropische Ökologie" durch.

Zu Beginn der Regenzeit ließen schwere Regenfälle den Manú innerhalb weniger Stunden um drei Meter ansteigen. *La Linda* füllte sich mit Regen, kippte zur Seite und Flusswasser strömte hinein. Sie sank fast sofort.

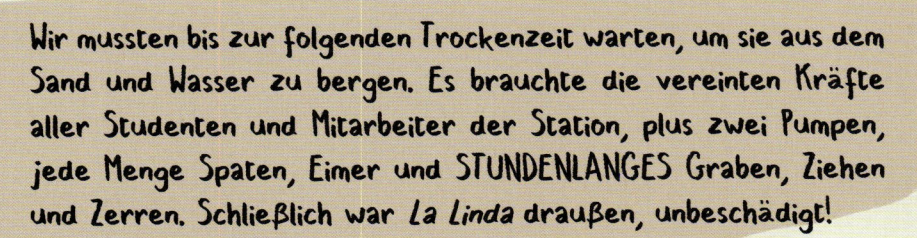

Wir mussten bis zur folgenden Trockenzeit warten, um sie aus dem Sand und Wasser zu bergen. Es brauchte die vereinten Kräfte aller Studenten und Mitarbeiter der Station, plus zwei Pumpen, jede Menge Spaten, Eimer und STUNDENLANGES Graben, Ziehen und Zerren. Schließlich war *La Linda* draußen, unbeschädigt!

Die Station besteht nicht nur aus Studenten und Wissenschaftlern. Es gibt auch Köche, Bootslenker, Verwaltungskräfte, Freunde – ohne sie alle würde nichts funktionieren.

Cashu ist ein außergewöhnlicher Ort. Es gibt keine Barrieren zwischen der Natur und der Station.
Ich liebe ihre kakophonen Morgen, ihre friedlichen Sonnenuntergänge, ihre heftigen Regenfälle und Donner und wie einfach es ist, das alles miteinander zu teilen.

Timbavati-Schutzgebiet, Südafrika

Marissa Parrott
Paviane stahlen unsere letzte Toilettenpapierrolle und schmückten damit einen sehr, sehr hohen Baum.

> Ich war in der wunderschönen Timbavati-Gegend in Südafrika. Wir lernten, Wildtierbelange gemeinsam mit Einheimischen zu regeln: Jagd auf gefährdete Arten, Wildtiergesundheit, Konflikte zwischen Menschen und Wildtieren …

Wir nahmen den Diebstahl unseres Toilettenpapiers mit Humor. Es ist schwierig, in solchen Situationen nicht zu lachen.

ALTERNATIVES TOILETTENPAPIER

A) Eine Akazienart heißt wegen ihrer weichen Blätter „Toilettenpapierbaum". Aber ihre Blätter waren alle voller Ameisen!

B) Wir trieben genügend Tücher und Servietten auf, bis ein paar Teammitglieder Toilettenpapier besorgen konnten.

Jetzt arbeite ich in Australien. An meiner Arbeit liebe ich die Gemeinschaft mit besonderen Menschen, die sich leidenschaftlich dem Naturschutz verschrieben haben, und das Auswildern von Tieren – es gibt kein besseres Gefühl!

EIN PAAR AUSTRALISCHE ARTEN, DIE ICH LIEBE:

Der uralt aussehende Baumhummer

Der sanfte Bergbilchbeutler

Die winzige Corroboree-Scheinkröte

Der scheue, starke Tasmanische Teufel

Ich werde aber immer eine Schwäche für Paviane haben. Sie sind sehr schlaue und freche Affen!

Serengeti-Nationalpark, Tansania

Anne Hilborn
Wenn du Gepardenkot sammelst und etwas davon auf dich fallenlässt.

42

"Ich war wissenschaftliche Mitarbeiterin im Serengeti-Geparden-projekt. Wir wollten herausfinden, welche Gepardenmännchen Nachwuchs zeugten."

Wir sammelten die Fäkalien so vieler Geparden wie möglich, um ihre DNA zu erhalten. Wir gaben die Proben in Reagenzgläser mit Ethanol und schickten sie an ein Labor, das die DNA analysierte.

Mein typischer Tag begann bei Tagesanbruch. Geparden sind nicht mit Etiketten oder Halsbändern markiert, also suchte ich von Hügeln aus mit einem Fernglas die Landschaft ab. Entdeckte ich einen Geparden, fuhr ich langsam auf ihn zu, bis ich nahe genug war, um Identifikationsbilder zu machen.

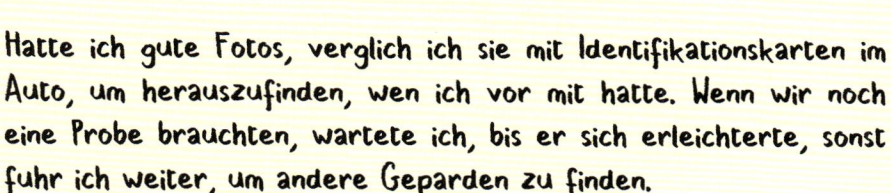

Hatte ich gute Fotos, verglich ich sie mit Identifikationskarten im Auto, um herauszufinden, wen ich vor mir hatte. Wenn wir noch eine Probe brauchten, wartete ich, bis er sich erleichterte, sonst fuhr ich weiter, um andere Geparden zu finden.

Ich mochte schon immer Tiere. In der Wildnis ihr Verhalten zu beobachten und mir darüber Gedanken zu machen, brachte mich zur biologischen Feldforschung.

Wann immer im Gespräch mit anderen Biologen eine unangenehme Pause droht, frage ich sie nach ihrem verrücktesten Forscherpech. Ältere Wissenschaftler haben oft eine Menge herrlicher Geschichten auf Lager!

GEPARDEN SIND COOL

von Anne Hilborn

Die Serengeti ist ein riesiger Nationalpark in Tansania, Ostafrika. Der Park ist voller Raubtierarten – aber lass uns über Geparden reden.

Anfangs sehen sie vielleicht alle gleich aus, aber jeder Gepard hat ein einzigartiges Fleckenmuster.

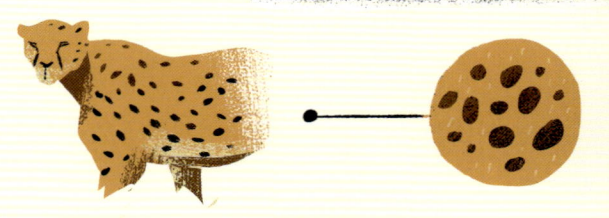

Diese Muster sind wie Fingerabdrücke: Einzelne Tiere lassen sich so identifizieren.

Geparden sind mit bis zu 103 km/h die schnellsten Landsäugetiere. Solche Geschwindigkeiten können sie nicht lange durchhalten: Ihre Jagden dauern meist keine 30 Sekunden.

Gepardenjungen sind am Anfang klein und flauschig, mit einem weißen Irokesenkamm und einem dunklen Körper.

Geparden sind für Geschwindigkeit gebaut, nicht für Stärke. Im Vergleich zu anderen Jägern haben sie keine sonderlich kräftigen Kiefer.

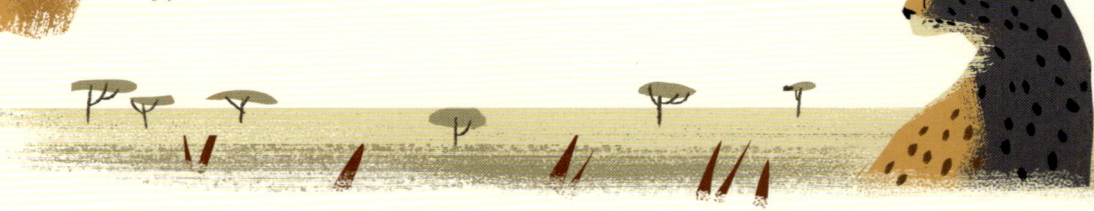

Wegen ihres schlanken Körperbaus, ihrer stumpfen Krallen und ihrer kleinen Kiefer können Geparden ihre Jagdbeute nicht gut gegen andere Jäger verteidigen. Etwa 10% der Jagdbeute von Geparden stehlen Löwen und Hyänen.

ABER HYÄNEN SIND AUCH 1A!

Unter den Raubtieren der Serengeti hat die Hyäne in der Öffentlichkeit einen denkbar schlechten Ruf. Ich werde heldenhaft versuchen, das zu ändern, entgegen allem, was du nach dem *König der Löwen* vielleicht über sie denkst.

Der König der Löwen hat die Sicht vieler Menschen auf afrikanische Säugetiere stark beeinflusst. Die Leute sehen Warzenschweine und schreien „PUMBA!" O.k., Disneyfilme wollen nicht die Wirklichkeit wiedergeben, aber sie beeinflussen wohl oder übel, wie Menschen Tiere sehen.

Wenn Menschen Hyänen in der Nähe eines Löwen mit erlegter Beute sehen, glauben sie, dass sie seine Beute haben wollen. Aber Hyänen sind sehr fähige Jäger, allein und in der Gruppe. Zu mehreren können sie große Tiere wie Gnus oder Zebras erlegen.

Oft hat der Löwe *ihre* Beute gestohlen und die Hyänen wollen sie zurückhaben.

Der König der Löwen hat dir das nicht erzählt, aber Löwen stehlen die Beute anderer Tiere. Löwen stehlen sowas von! Oft von Hyänen.

Hyänen sind nicht böse!!! Sie sind unglaubliche, wunderbare Tiere.

Susquehanna-Fluss,
Pennsylvania, USA

Jeff Stratford
Ließ einen Goldzeisig frei, "Mr. Flappy", der sofort von einem Falken gefressen wurde – vor 24 entsetzten Mittelstufenmädchen.

> Ich machte mit Schulmädchen eine Vogelwanderung entlang des Susquehanna-Flusses, im Rahmen des Programms „Frauen stärken durch Wissenschaft".

Ich fange die Vögel und nehme eine Blutprobe, um mir die Parasiten im Blut anzuschauen. In letzter Zeit habe ich ihre Ernährung erforscht. Dafür brauche ich neben Blutproben auch Schwanzfedern. Alle Vögel werden wieder freigelassen, und wir fangen sie oft in mehreren aufeinanderfolgenden Jahren.

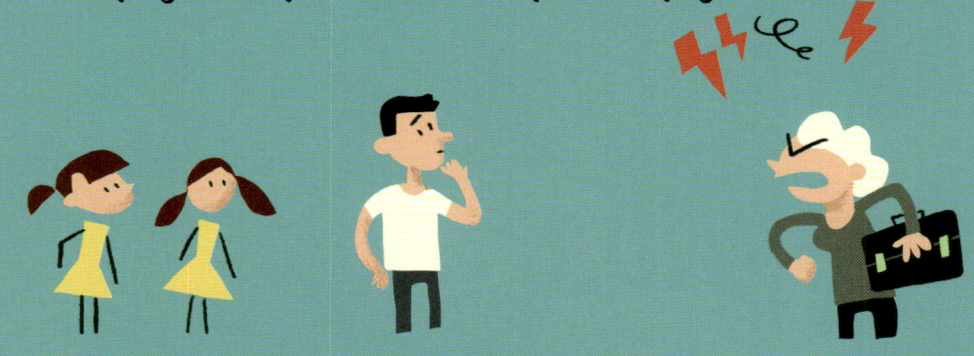

Die Lehrerin beschwerte sich bei unserem Fachbereichsleiter, dass wir die Sicherheit der Vögel nicht garantierten. Das stimmt. Aber wie soll man Falken davon abhalten, Vögel zu fressen? Falken fressen im Laufe ihres Lebens tausende, und einen Fall erlebten wir zufällig mit.

Ich habe im brasilianischen Amazonasgebiet geforscht, in den Kiefernwäldern Alabamas und in den alten Wäldern der Pocono-Berge in Pennsylvania. Aber meine Lieblingsmomente sind, Vögel für Kinder in unserem lokalen Stadtpark zu fangen.

Manú-Nationalpark, Peru

Orlando Zegarra

Auf einem Pfad klopfte ich mit meiner Machete an einen seltsam aussehenden Ast. Der Ast zischte. Er war ein fünf Meter langer schwarzer Kaiman.

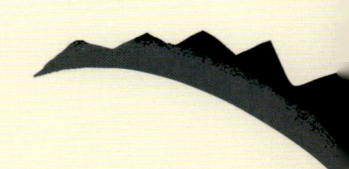

Ich war nachts bei der biologischen Station Cocha Cashu unterwegs, nach Fangnetzen für Fledertiere sehen. Dabei sah ich einen sehr seltsamen Stock und berührte ihn mit meiner Machete.

Was ich für einen Ast hielt, war der Schwanz des größten Kaimans, den ich je gesehen hatte. Ich hob meinen Kopf und sah, wie das Tier mich anstarrte.

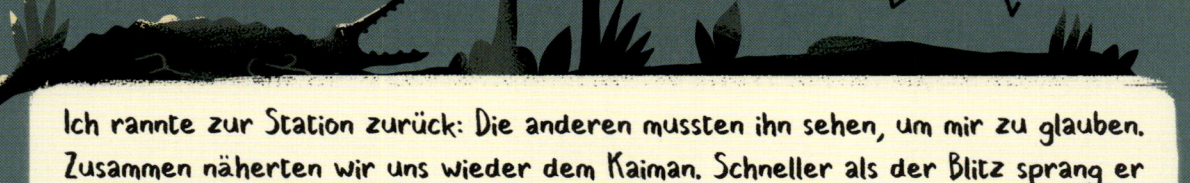

Ich rannte zur Station zurück: Die anderen mussten ihn sehen, um mir zu glauben. Zusammen näherten wir uns wieder dem Kaiman. Schneller als der Blitz sprang er herum und stand uns gegenüber. Wir flippten aus!

Weil ich Fledertiere erforsche, sehe ich oft andere Nachttiere auf den Wegen. In Cocha Cashu sah ich viele Schlangen und Ozelote.

Schwarze Kaimane sind die größten Raubtiere Südamerikas.

Erwachsene Tiere sind in der Regel 3 – 4 Meter lang. Alte Männchen können 5 Meter und länger werden!

Sie fressen Vögel, Fische, manchmal sogar Rehe oder Anakondas.

Ihre schwarze Haut tarnt sie auf ihren nächtlichen Beutezügen.

Etosha-Nationalpark, Namibia

Carrie Cizauskas
Wenn du deine Proben mit dem Flugzeug transportierst und 65 Ampullen Elefantenblut in deinem Koffer explodieren.

Ich arbeitete in Namibia im Rahmen eines großen Kooperationsprojekts zur Untersuchung von Milzbrand.

Unter den Zebras und Elefanten in Etosha grassiert jedes Jahr Milzbrand. Forscher statteten Elefanten mit GPS-Halsbändern aus, um herauszufinden, wohin sie wanderten und wie sie Ressourcen nutzten.

Während die Tiere betäubt waren, nahm ich Fäkalienproben, um mir Parasiten anzuschauen, und Blutproben, um nach Antikörpern gegen Milzbrand zu suchen.

Es ist üblich, Proben im Fluggepäck zu transportieren (natürlich mit Genehmigung!). Ich entdeckte den Schlamassel, als ich die Proben aus meinem Gepäck nahm, um sie ins Labor zu bringen. Eine ziemliche Schweinerei, aber es blieb genug übrig, um meine Arbeit zu machen!

PARASITEN

von Carrie Cizauskas

Manche Schätzungen deuten darauf hin, dass 70 – 80% aller Tierarten Parasiten sind. Damit wäre Parasitismus die verbreitetste Überlebensstrategie auf der Erde.

Der größte bekannte Parasit ist der Fadenwurm *Placentonema gigantissima*, der Pottwale befällt. Die weiblichen Würmer können 8 Meter und länger werden!

Die meisten Ektoparasiten (Parasiten wie Läuse, Egel oder Zecken, die außen auf ihrem Wirt leben) sind selbst Wirte für andere Parasiten.

Der Augenwurm *Loa loa* kann bis zu 20 Jahre lang im menschlichen Auge leben.

ZOMBIES

Manche Parasiten können das Verhalten ihres Wirts beeinflussen, um die nächste Stufe ihres Lebenszyklus zu erreichen.

GEH ZUM GRASHALM!

... zum Grashalm.

Der Kleine Leberegel (*Dicrocoelium dendriticum*) wandert zum Nervenknoten einer Ameise (ihrem „Gehirn"), so dass die Ameise nachts auf die Spitze eines Grashalms klettert. Dort wartet der Leberegel darauf, von einem pflanzenfressenden Wirt gefressen zu werden.

SPRING INS WASSER!

... ins Wasser.

Der Saitenwurm *Spinochordodes tellinii* befällt einen Grashüpfer und lässt ihn ins Wasser springen, damit der Wurm ihn dort verlassen und seine Eier legen kann.

Mount Elgon,
Uganda

Mark Reed

Mein schlimmstes Forscherpech endete damit, dass ich in einem ugandischen Wald fast nackt herumlief. Für eine Baumvermessung hatte ich auf einem Ameisennest gestanden.

Ich arbeitete auf einem erloschenen Vulkan an der Grenze zwischen Uganda und Kenia und erforschte die Erholung des Ökosystems Wald. Viele Ugander waren während einer Gewaltwelle dorthin geflüchtet, jagten und rodeten den Wald. Nach den Unruhen wurde das Gebiet zum Nationalpark, die Bauern mussten gehen.

Ich hatte nicht mitbekommen, dass am Fuß des Baumes, den ich vermaß, ein Ameisennest war. Diese Ameisen haben eine clevere Jagdtaktik: Sie klettern erst alle auf ihr Opfer und beißen dann gleichzeitig zu. Deswegen wusste ich nicht, was mit mir geschah, bis sie meinen Magen erreicht hatten.

Sie fingen an zu beißen, also musste ich T-Shirt und Hose ausziehen. Ich lief schließlich halbnackt und schreiend im Wald herum und versuchte, sie abzuschütteln. Meine Teamkollegen standen da und lachten!

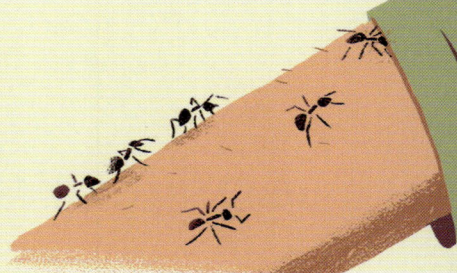

Diese Ameisen sollen angeblich Hühner töten und nur die Knochen übriglassen. Wir hatten ein paar Tage vorher unsere Taschen auf dem Boden liegenlassen und stellten bei der Rückkehr fest, dass unser Mittag ratzeputz aufgefressen war.

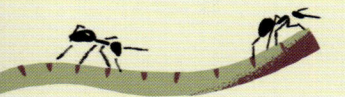

WIE MAN EINEN BAUM MISST

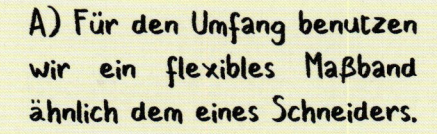

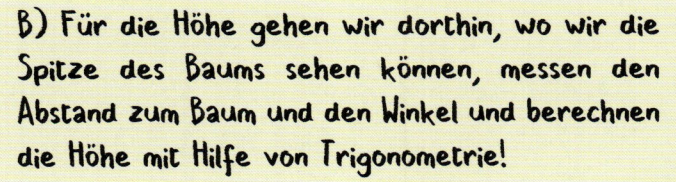

A) Für den Umfang benutzen wir ein flexibles Maßband ähnlich dem eines Schneiders.

B) Für die Höhe gehen wir dorthin, wo wir die Spitze des Baums sehen können, messen den Abstand zum Baum und den Winkel und berechnen die Höhe mit Hilfe von Trigonometrie!

$h = d \times \tan(\alpha)$

Paz de Ariporo,
Kolumbien

Angela Bayona

Pinkelte aus Versehen an den markierten Baum eines Jaguars. Wurde vom Jaguar drei Wochen lang verfolgt. Klingt vielleicht aufregend, war aber ziemlich beängstigend!

Es geschah in einem Wald, der Flüsse in der Savannenregion Kolumbiens umgibt. Ich erforsche aquatische Ökosysteme, keine Katzen! Mich interessieren Wechselwirkungen zwischen Wasser- und Landgemeinschaften.

An dem Tag kam ich von meinem „Geschäft" zurück. Der Anblick des großen, stummen und vor allem bedrohlichen Jaguars (*Panthera onca*) ließ mich noch etwas mehr in die Hose machen. Jaguare sind große Tiere, die größten Katzen Amerikas.

Danach traf ich ihn jedes Mal, wenn ich pinkeln musste, und begriff, dass er mich verfolgte.
Meine Freunde rieten mir, keinerlei Duftstoffe mehr zu benutzen. Also hörte ich zu allem Überfluss in den restlichen Tagen des Probennehmens auch noch damit auf, mich zu waschen!

Die Wochen des Verfolgtwerdens waren beängstigend und machten mich gleichzeitig demütig. Jaguarreviere schrumpfen wegen der Ausdehnung von Ackerland, so dass es mehr Kontakte der Katzen zu Menschen gibt. Ich war mir der hohen Wahrscheinlichkeit bewusst, eines dieser majestätischen Tiere zu treffen. Ich dachte aber nicht daran, dass ich gejagt werden könnte – und Beute zu werden, war sowieso nie mein Plan!

WIE MAN EINE JAGUARBEGEGNUNG ÜBERLEBT
Halte Abstand, habe immer ein Auge auf deine Umgebung und erfahrene Leute bei dir.

Falls du das Tier triffst, schau ihm nicht in die Augen und geh langsam weg. Lauf nicht und wende ihm nicht den Rücken zu!

Schonen, Schweden

Caroline Ponsonby
Wenn du Pheromonlösung über dich verschüttest und zum Käferschwarm Nr. 1 in ganz Schweden wirst …

Ich forsche über den Sägebock (*Prionus coriarus*). Schweden ist super für Ökologieforschungen. Es gibt Elche, Luchse, Bären und jede Menge wunderbarer Insekten direkt vor der Haustür.

Bestimmte Pheromone können große Mengen dieser Käfer anlocken und damit das Sammeln von Proben sehr erleichtern. Die Pheromonlösung war ein Import aus Amerika und wir gaben etwas davon in jede Falle. Wir arbeiteten in ganz Schonen, was fürchterlich viel Fahrerei bedeutete. Manchmal war es auch eine Herausforderung, die Fallen zu finden.

Ich muss zugeben, dass ich zwar etwas dieser teuren Pheromone auf mich verschüttete, mir aber kein Schwarm lüsterner Käfer folgte. Kollegen erzählten mir aber Geschichten, wie ihr Auto von Käfern umlagert wurde, weil sie deren Sexualpheromon im Kofferraum hatten!

Prionus coriarus

Ihr schwedischer Name „Taggbock" bedeutet „gehörnter Bock" und bezieht sich auf ihre hornartigen Fühler.

Ihr englischer Name „Gerberkäfer" (im Deutschen „Gerberbock") bezieht sich auf ihre lederartig aussehenden Deckflügel.

Es ist ein Jammer, dass Wirbellose – abgesehen von charismatischen Gruppen wie den Schmetterlingen – in der Naturschutzwelt nicht viel Aufmerksamkeit bekommen. Ihre überwältigende Artenvielfalt bedeutet, dass es noch so viel zu entdecken gibt!

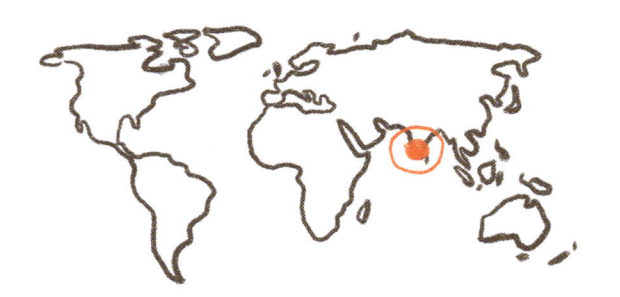

Shendurney-Naturschutzgebiet,
Indien

Aditya Gangadharan
Langer Umweg, um Elefantenherde zu umgehen. Geschafft! Moment mal – warum bewegen sich diese zwei großen grauen „Felsen" in unserer Nähe?

Ich stellte Kamerafallen im Gebirge der Westghats auf, einer indischen Region mit hoher Artenvielfalt.

Wir arbeiteten daran, natürliche Korridore durch Straßen, Siedlungen und landwirtschaftlich genutzte Gebiete zu erkennen, um Elefanten und anderen Säugetieren dabei zu helfen, von einem Schutzgebiet ins nächste zu gelangen.

Um Korridore zu finden, muss man die Wege der Tiere kennen. Eine Möglichkeit ist das Aufstellen von Automatikkameras an Stellen, an denen man einen Wildwechsel vermutet. Diese Kameras lösen aus, wenn sie Hitze oder Bewegung wahrnehmen. Sie sind großartig, um viele Arten gleichzeitig zu erforschen.

DRAUSSEN

Wir fahren zur Beobachtungsstelle, gehen zu Fuß weiter, um Tiere aufzuspüren, und stellen die Kamerafallen auf. Es ist cool, an wunderschönen, entlegenen Orten leben zu können.

IM BÜRO

Ich sitze und starre den ganzen Tag auf den Bildschirm, analysiere und bereite Daten auf. Das kann eine Herausforderung sein, wenn man einen riesigen, von vielen Teams gesammelten Datenberg vor sich hat.

Ich interessiere mich für Naturschutz, seit meine Großmutter mich als Kind in einen Zoo mitnahm. Mein Ziel ist die Erhaltung von Arten. Die Wissenschaft ist einfach Mittel zum Zweck.

NATURSCHUTZ-KOLONIALISMUS

von Aditya Gangadharan

Ustad war ein prachtvoller indischer Tiger und sehr beliebt bei Touristen.

Aber er war auch ein Tier, das mehrere Jahre lang immer wieder Einheimische tötete.

Als die Behörden ihn schließlich fingen, verlangten Touristen und Tierfreunde, ihn wieder auszuwildern.

SAVE USTAD

Viele Leute sind fasziniert von großen, potentiell gefährlichen Tieren, und wollen sie schützen. Das Problem ist:

Die, die Tiere schützen wollen SIND NICHT **Die, die den Preis dafür zahlen**

- reich, städtisch, gebildet
- oft aus dem Westen
- kein Risiko, gefressen zu werden

≠

- arm, ländlich, ungebildet
- aus Entwicklungs-/Schwellenländern
- Risiko, verletzt oder getötet zu werden

Freiheit für Ustad!

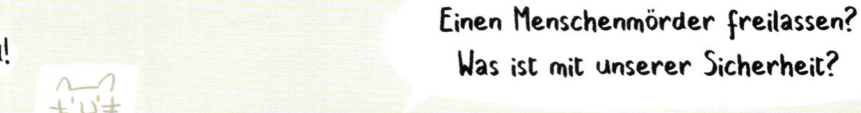

Einen Menschenmörder freilassen? Was ist mit unserer Sicherheit?

Naturschutz-Kolonialismus ist, wenn privilegierte Menschen die Vorteile des Naturschutzes genießen, aber die Kosten politisch an den Rand gedrängten Menschen in armen Ländern oder Regionen aufbürden.

Menschen sind oft ein integraler Teil von Landschaften und müssen bei Problemen im Naturschutz Teil der Lösung sein.

Naturschützer gehören oft zu einer der folgenden Gruppen:

Autoritäre, neokoloniale Naturschützer mit abstrakten Ideen

Vertreibt die Dorfbewohner! Rettet die Tiger!

Die, die naiv an Frieden mit der Natur glauben

Traditionelle Gemeinschaften schaden der Natur nie! Die Außenwelt ist schuld!

Beide haben Unrecht.

Autoritärer Naturschutz hat in der Vergangenheit viele Arten gerettet, aber oft sehr auf Kosten der Menschenrechte.

Örtliche Gemeinschaften haben oft riesige Gebiete ausgebeutet, wenn sie die Gelegenheit dazu hatten.

Autoritärer Naturschutz wird fragwürdig, wenn man denjenigen persönlich kennt, dessen Mutter von einem Elefanten getötet wurde.

Die Ideologie eines friedlichen Miteinanders wird fragwürdig, wenn man mit eigenen Augen sieht, wie Einheimische Jahr für Jahr die Wälder weiter abholzen.

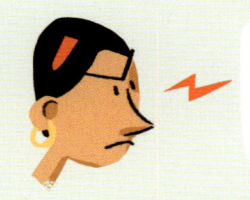

Die Spannung zwischen diesen extremen Positionen zeigt sich täglich im Naturschutz.

Jeder, der eine Weile in der Praxis gearbeitet hat, weiß, dass theoretische, ideologisch extreme Positionen im praktischen Naturschutz nicht funktionieren.

Bürger und Institutionen des betroffenen Landes oder Gebietes sollten seinen Naturschutz koordinieren, zusammen mit den dortigen Gemeinden und mit Experten von außen.

Karibikküste, Mexiko

Alistair Dove

Brachte gekonnt einen tausend Dollar teuren Satellitensender an einem Mantarochen an. An demselben Manta, den ich bereits am Tag zuvor besendert hatte ...

Vor der Küste Mexikos zeigen sich in letzter Zeit etliche Mantas. Wir wollten ein paar mit Sendern ausstatten, um herauszufinden, wohin sie ziehen. Falls sie über internationale Grenzen schwimmen, brauchen wir einen Regionalplan für sie.

Ich nähere mich ihnen von hinten – wie ein Ninja! – und bringe den Sender mit einer Art Speer an. Die Sender werden mit einem kleinen Plastikding in der Haut verankert, das wie ein winziger Federball aussieht.

Der Sender funkt ein elektronisches Signal, das von Satellitennetzen empfangen wird und den Ort des Tiers bestimmt. Sender sind sehr teuer, weil sie einen komplizierten Mechanismus enthalten und gegen den Wasserdruck abgedichtet sind.

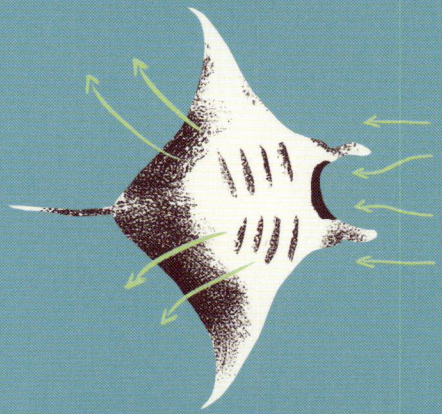

Mantas fressen wie Staubsauger: Sie schwimmen mit weit geöffnetem Maul durch planktonreiches Wasser. Das Plankton bleibt in ihren Kiemen hängen, das gefilterte Wasser fließt durch.

Das Fleckenmuster auf der Bauchseite eines Mantas ist so einzigartig wie unser Fingerabdruck. Wissenschaftler haben eine automatisierte Datenbank dieser Muster, so wie das FBI eine für Straftäter hat.

Mantas haben von all ihren Verwandten eines der größten Gehirne im Verhältnis zu ihrem Körper. Eindeutig schlauer als der Durchschnittsfisch!

Östlich der James-Ross-Insel,
Weddellmeer, Antarktis

Leo Soibelzon
Legte eine riesige Weddellrobbe mit einem Betäubungsmittel schlafen. Sie beißt mich in den Hintern und zerreißt dabei die fünf Lagen Kleidung, die ich trug.

"Wir fuhren auf Motorschlitten über das Schelfeis, um biologische Proben wie Blut, Kot, Schleim, Haare und Haut von Robben zu nehmen."

Wir erforschen die Rolle mariner Ressourcen wie Krill und Fisch im antarktischen Ökosystem. Krill ist ökologisch sehr wichtig, weil er fast ganz am Anfang der Nahrungskette steht.

Mit der Jagd auf Wale wuchsen die Krillpopulationen drastisch an, was eine Kaskade von Änderungen im Ökosystem zur Folge hatte. Manche Robben fressen Krill, viele Fische fressen Krill, und Robben fressen Fische ... alles hängt mit allem zusammen!

Nach dem Robbenbiss leisteten meine Kollegen Erste Hilfe. Wir kampierten zwei Monate lang auf dem Eis und es war nicht leicht, medizinische Hilfe zu bekommen! Ich fuhr zu einer Basisstation, um einen Arzt aufzusuchen.

Leider gibt es keine Studien über die Bakterien im Maul antarktischer Robben, deswegen gab mir der Arzt ein allgemeines Antibiotikum. Neun Stunden später hatte ich hohes Fieber. Drei Tage verbrachte ich im Bett, dann ging es mir allmählich besser.

Arktis

Es gibt auf dem Kontinent keine Landsäugetiere. Eisbären leben nur in der Arktis!

Außerdem ist die Antarktis ein richtiger, von Schnee und Eis bedeckter Kontinent. Nicht bloß Schelfeis.

Antarktis

GRANDIOSES FORSCHERPECH IN 6 SCHRITTEN

von Anne Hilborn

1. Ignoriere die Ratschläge von Leuten mit mehr Erfahrung.
Geh davon aus, dass du es besser weißt.

2. Prüfe deine Ausrüstung nicht.
Du hast alles und es wird schon alles in Ordnung sein.

3. Prüfe die äußeren Bedingungen nicht, oder wenn sie schlecht sind, ignoriere sie.
Wenn du gut genug bist, sind Stürme, Gezeiten oder Schlamm vernachlässigbar.

4. Hör nicht auf deine innere Stimme, die dir sagt, dass du vielleicht umkehren solltest. Alle Daten so schnell wie möglich zu bekommen, ist das einzige, was zählt.

5. Arbeite trotz Schmerzen weiter. Der kleine Biss wird schon von selbst weggehen, wenn du ihn lange genug ignorierst.

6. Mach Fotos.

DIE WISSENSCHAFTLER/INNEN

🇬🇧 **Agata Staniewicz** 🐦 AgataStaniewicz
Biologin und Doktorandin
Versucht, Krokodile zu verfolgen und nicht gefressen zu werden
p.6

🇺🇸 **Alayne Fronimos** 🐦 AlayneF
Wildbiologin und Wissenschaftspädagogin
Die Liebe zur Biologie Stunde für Stunde weitergeben
p.8

🇺🇸 **Lilia Illes** 🐦 Monkeygeography
Biogeographin und Wildtierschützerin
Lösungen für das Zusammenleben von Menschen und Wildtieren finden
p.10

🇺🇸 **Trevor S. Valle** 🐦 Tattoosandbones
Feld-Paläontologe (und Barkeeper)
Denk dran: Egal wohin du gehst, bitte sehr, da bist du.
p.12

🇺🇸 **Jessica Ball** 🐦 Tuff_Cookie
Vulkanologin und Wissenschaftsvermittlerin
California Volcano Observatory, USGS
p.16

🏴󠁧󠁢󠁳󠁣󠁴󠁿 **Andy Baader** 🐦 PostAntiquarian
Autor und gelegentlicher Archäologe
Von der Universität Glasgow ausgebildet, von der Weltwirtschaft untergebuttert
p.18

🇨🇦 **Cylita Guy** 🐦 CylitaGuy
Fledertier-Ökologin und Doktorandin
Fachbereich für Ökologie & Evolutionsbiologie
p.20

🇺🇸 **Tara Easter** 🐦 TaraSkye12
Studentin im Master of Science-Programm Mensch-Umwelt-Systeme
p.24

🇬🇧 **Simon Dures** 🐦 SimonDures
Naturschutz- und Landschaftsökologe
Hängt meist Tagträumen über oder in Wildnisgebieten nach
p.26

🇮🇳 **Ambika Kamath** 🐦 Ambikamath
Verhaltensökologin und Schriftstellerin
Interesse für Natur, Menschen und Wissenschaft
p.28

🇺🇸 **Christopher Schmitt** 🐦 Fuzzyatelin
Bioanthropologe & Primatologe
Schreibt immer noch Elbisch, Prof an der Boston University
p.30

🇧🇪 **Diederik Strubbe** 🐦 DiederikStrubbe
Biogeograph und Invasionsökologe
p.34

🇿🇦 **Gayle Pedersen** 🐦 RhinoGayle
Naturschutzgenetikerin und -ökologin
Ein Faible für alles Nashornige & den afrikanischen Busch
p.36

🇵🇪 **Dr. Roxana Arauco-Aliaga**
Tropenökologin und Verhaltensbiologin
Staunt immer wieder, wie fragil ein üppiger Wald sein kann
p.38

🇦🇺 **Dr. Marissa Parrot** 🐦 Drmparrott
Reproduktions- und Naturschutzbiologin
Bekämpft das Aussterben aller Arten
... und eine Verehrerin frecher Affen
p.40

🇺🇸 **Anne Hilborn** 🐦 AnneWHilborn
Raubtierökologin
Interessiert an Blut, Kot und totem Zeug
p.42

🇺🇸 **Jeffrey A. Stratford** 🐦 JeffAStratford
Stadt- und Landschaftsökologe
http://concreteornithology.blogspot.com/
p.46

🇵🇪 **Orlando Zegarra** 🐦 OrlZegarra
Mammaloge und Ökologe
und großer Fledertier-Fan
p.48

🇺🇸 **Carrie Cizauskas** 🐦 CarrieCizauskas
Krankheitsökologin und Tierärztin
p.50

🇬🇧 **Mark Reed** 🐦 profmarkreed
Professor für soziotechnische Innovation
p.54

🇨🇴 **Angela Bayona-V** 🐦 AngelaBayonaV
Biologin, verbindet Wasser- und Menschenflüsse
„Nichts ist geheimnisvoll, keine menschliche Beziehung. Nur die Liebe" Susan Sontag
p.56

🇬🇧 **Caroline Ponsonby** 🐦 LeFunambulist
Aufstrebende Ökologin
Sadistische Charmeurin saproxylischer Wirbelloser
p.58

🇮🇳 **Aditya Gangadharan** 🐦 AdityaGangadh
Naturschutzbiologe
Verehrer charismatischer Megafauna
p.60

🇦🇺 **Dr. Alistair Dove** 🐦 AlistairDove
Meeresbiologe und Naturschützer
Leidenschaftlich für die Vielfalt des Lebens in den Ozeanen
p.64

🇦🇷 **Leopoldo Soibelzon**
Biologe, lebende und fossile Raubtiere
Verliebt in die Antarktis
p.66

DIE GESCHICHTE DIESES BUCHS — von Jim Jourdane

Ein paar Wissenschaftler begannen dieses Abenteuer: Sie teilten ihre Feldforschungsgeschichten auf Twitter.

Diese Geschichten machen Spaß. Aber sie zeigen auch einen wenig bekannten Aspekt der Wissenschaftler.

Menschen, die Fehler machen. Die ausflippen oder kein Glück haben. Oder die sich vom Schauspiel der Natur begeistern lassen ...

... ganz im Gegensatz zu gängigen Wissenschaftler-Klischees.

Menschen, die Fehler machen: Damit konnte ich mich identifizieren. Ich begann, diese Geschichten zu illustrieren.

Die Illustrationen kamen gut an, bei Wissenschaftlern und bei Nicht-Wissenschaftlern.

Ich nahm Kontakt zu Wissenschaftlern überall auf der Welt auf, die ihre Geschichten auch teilen wollten ...

... und stellte ihnen ein paar Fragen zu ihren Feldforschungen.

Ich wurde sogar eingeladen, einen Monat auf einer biologischen Station in Peru zu verbringen, um Feldforschung kennenzulernen.

Ich beschloss, aus allen Illustrationen ein Buch zu machen.

Ich startete eine Crowdfunding-Aktion, um das Projekt zu realisieren.

Ein Haufen Optimisten halfen und gaben Geld, um das Buch zu realisieren, das du in den Händen hältst!

Manú-Nationalpark, Peru

Jim Jourdane
Wenn du im Amazonas-Regenwald zeichnest, hast du genau fünf Minuten, bevor du zum neuen Hauptquartier aller Insekten der Gegend wirst.

FOLGE MEINER ARBEIT

- Fieldworkfail.com
- Facebook.com/Fieldworkfail
- @JimJourdane
- Instagram.com/jimjourdane

Dieses Buch ist im Buchhandel erhältlich und auf Makisapa.com

Schreib mir! Ich liebe Feedback.

Jimjourdane@gmail.com

Published by arrangement with
the original publisher, Makisapa

Fieldwork FAIL: The Messy Side of Science
Copyright © 2017 by Jim Jourdane
All Rights Reserved

© 2018 Verlag Ludwig
Holtenauer Straße 141
24118 Kiel
Tel.: 0431-85464
info@verlag-ludwig.de
www.verlag-ludwig.de

Printed in Belgium

ISBN:
978-3-86935-352-4 Verlag Ludwig
978-2-9560045-6-1 Makisapa

Ludwig

maki sapa

Bibliografische Information der Deutschen Nationalbibliothek
Die Deutsche Nationalbibliothek verzeichnet diese Publikation in
der Deutschen Nationalbibliografie; detaillierte bibliografische
Daten sind im Internet über http://portal.dnb.de abrufbar.

Das Werk ist in allen seinen Teilen urheberrechtlich geschützt.
Jede Verwertung ist ohne Zustimmung des Verlages unzulässig.